不可思议的动物生活系列

各种各样的蛋

（比）蕾妮·哈伊尔 绘著　　李小彤 陈飞宇 译

新疆青少年出版社

这只小鸟刚从圆圆的蛋里孵出来。
你知道蛋究竟是什么吗?

蛋就像动物宝宝们出生前住的小房子,为动物宝宝们提供食物。个头很小的蛋,有时被称作卵。

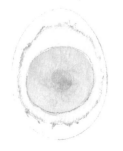 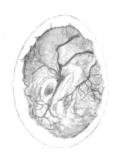 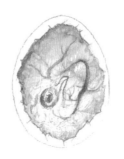 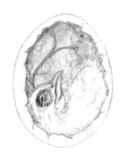 

在大自然中，蛋不仅要面对冰冷的雨雪、酷热的太阳、恶劣的霉菌环境，还有可能被贪吃的捕食者吃掉。

所有的鸟都是从蛋里孵出来的。

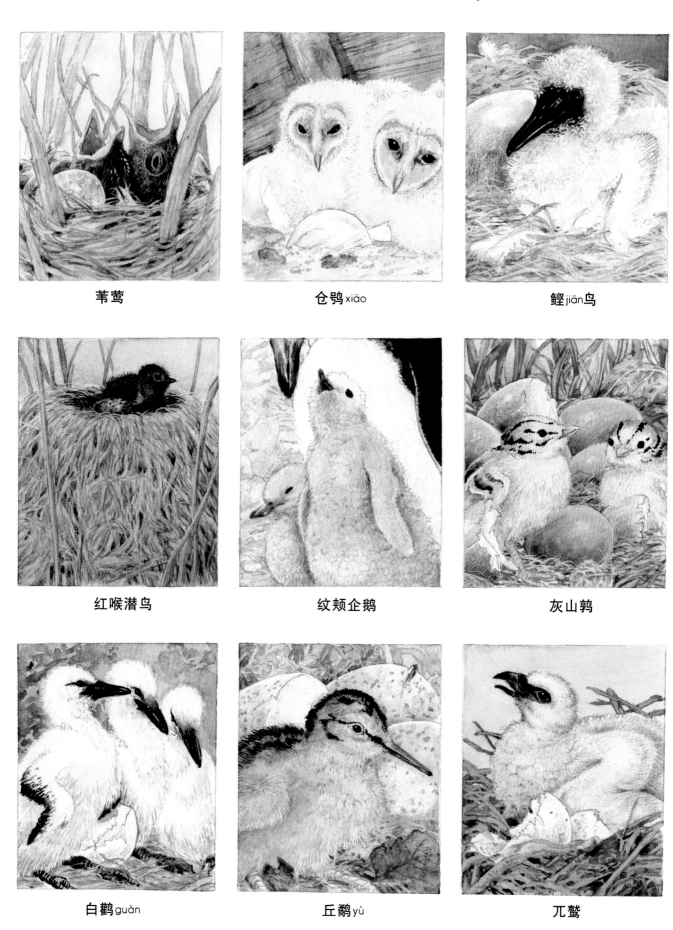

苇莺

仓鸮 xiāo

鲣 jiān 鸟

红喉潜鸟

纹颊企鹅

灰山鹑

白鹳 guàn

丘鹬 yù

兀鹫

毛脚燕

鸭子

非洲鸵鸟

斑尾林鸽

翠鸟

布谷鸟

金雕

蜂鸟

鹌 ér 鹋 miáo

地球上生活着几千种鸟类。

不同的鸟，下的蛋也不一样。不过，有些鸟蛋却看起来很像。

下面的鸟蛋，从小到大分别来自：

1.蜂鸟　　4.白鹳

2.鹦鹉　　5.疣鼻天鹅

3.画眉　　6.鸵鸟

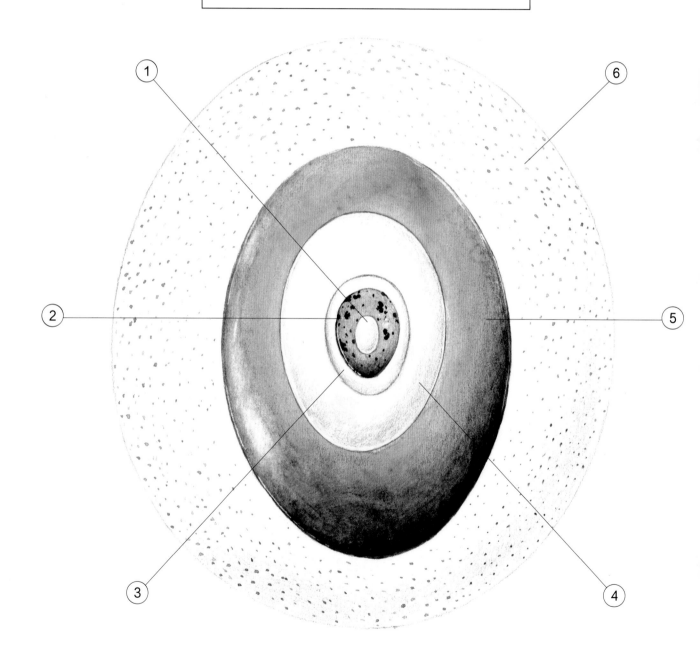

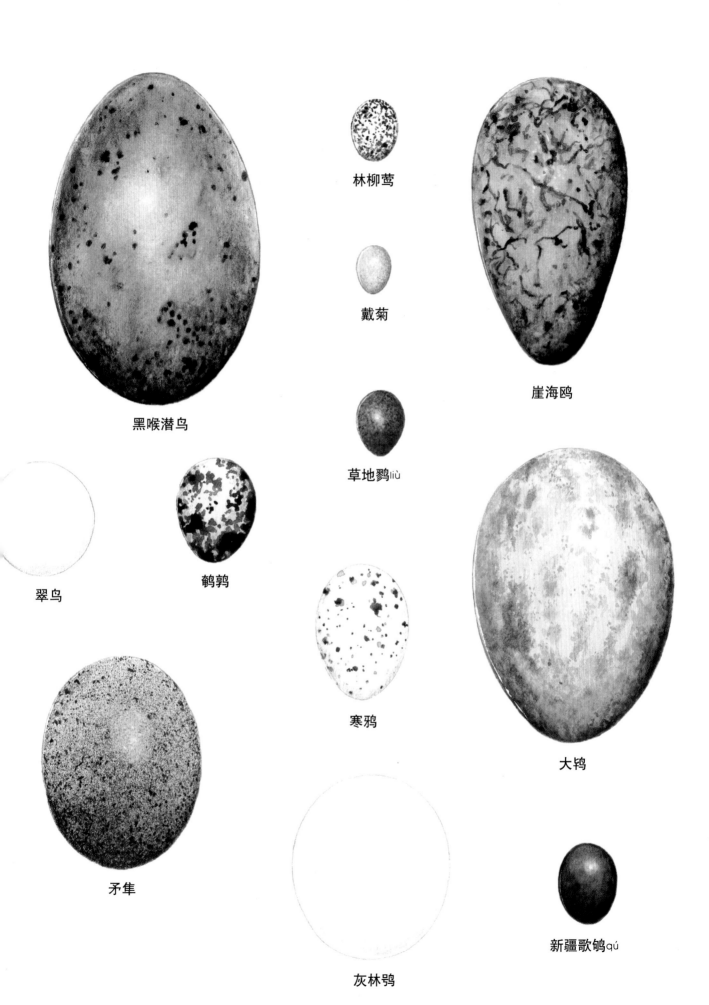

林柳莺

戴菊

崖海鸥

黑喉潜鸟

草地鹨liù

翠鸟

鹌鹑

寒鸦

大鸨

矛隼

灰林鸮

新疆歌鸲qú

世界上最小的蛋是蜂鸟蛋。

最大的蛋呢?
鸵鸟蛋。

不同种类的鸟蛋外观不同，从蛋里
孵出来的鸟宝宝也不一样。出生后，一
些幼鸟（离巢雏）不久就离开家，独自
去寻找食物；而有的幼鸟（留巢雏）则
会留在家里，等着爸爸妈妈来照顾。

鹊鸭

琵嘴鸭

普通秧鸡

环颈雉

鸻héng

疣鼻天鹅

12

紫水鸡

云雀

流苏鹬

13

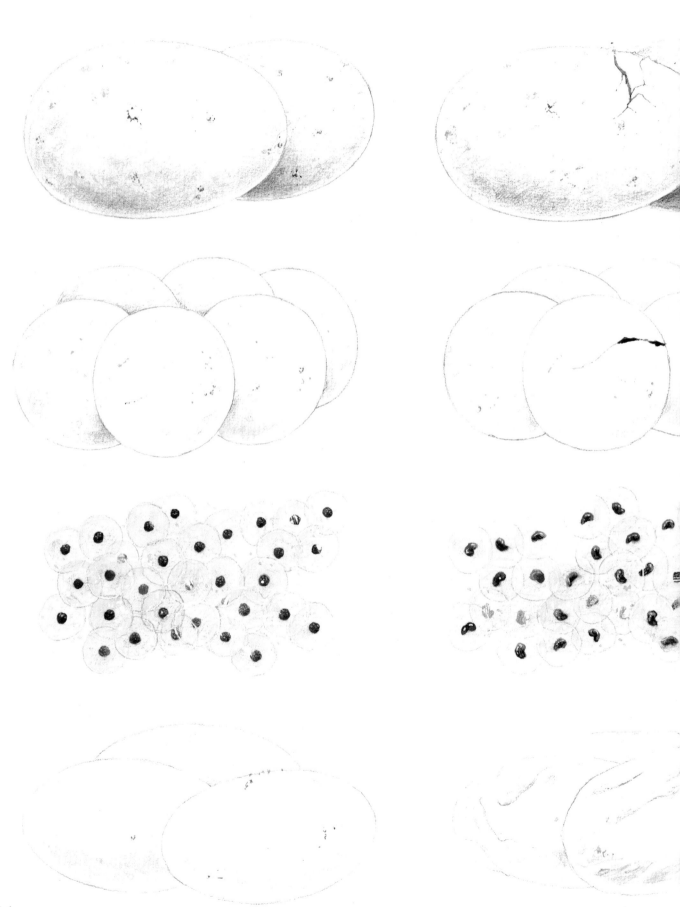

没有硬壳的蛋，叫作卵。

许多海洋动物就是从卵里孵出来的，例如鱼、海星、蠕虫和贝类。

猜一猜，这都是哪些动物的卵呢？

角鲨

章鱼

乌贼

虾

"我是鲸宝宝，和海里的大多数朋友不一样，我是哺乳动物，所以我是从妈妈肚子里直接生出来的。"

咦，叶子上的这些卵是谁的呀？

22

这些卵先变成幼虫，也就是毛毛虫，
再变成蛹，最后……

变成蝴蝶啦！原来
是蝴蝶宝宝！

蝴蝶的卵经常粘在叶子上，形状、颜色都十分美丽，像是一粒粒漂亮的小石子。

大多数昆虫都会产卵，只有少数昆虫直接生出昆虫宝宝。

竹节虫

蜻蜓

瓢虫

蝼qú蛄sōu

蝗虫

熊蜂

屎壳郎

黄胡蜂

很多昆虫妈妈产卵之后就会离开，让它们的宝宝独自长大。不过，群居性昆虫，比如蚂蚁和蜜蜂，会耐心地照顾它们的卵。

蚂蚁

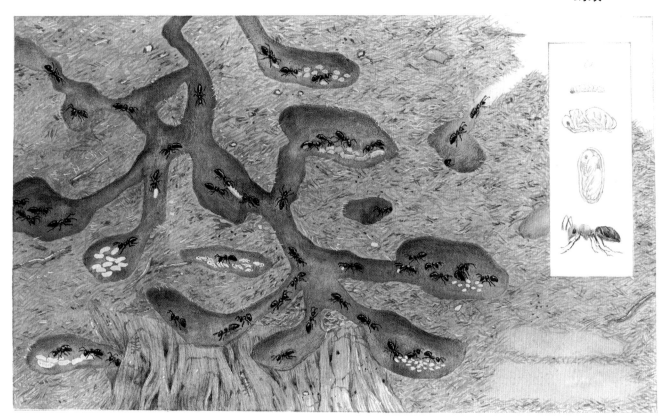

蜜蜂

26

黄蜂产卵后，会亲自照顾幼虫。而蚁后只负责产卵，照顾蚁卵和幼虫的工作就落在了工蚁们的身上。

陶工黄蜂

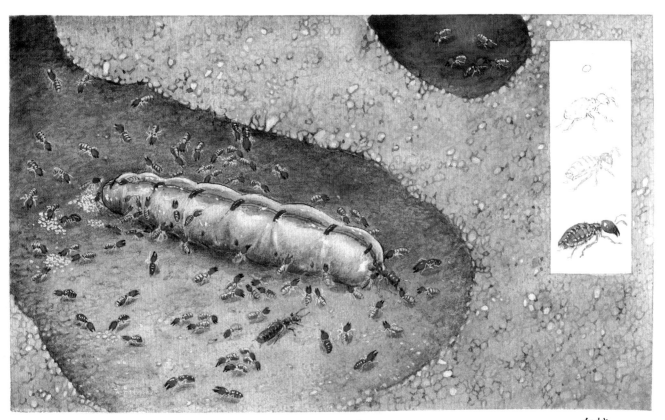

白蚁

下面这些昆虫虽然不是群居动物，但是也很善于照顾自己的卵。

蠼螋会把它的卵舔干净，防止被病毒、细菌感染。

蜘蛛不是昆虫，但是它们也会精心看护自己的卵。

屎壳郎把自己的卵滚成一个粪球，让幼虫一出生就有食物吃。

蜘蛛的卵

盾椿象妈妈用自己的身体盖住卵，保护它们不受伤害。

这些昆虫都是通过产卵来繁衍下一代。

草蛉

普通蓝灰蝶

瓢虫

木胡蜂

天蛾

丽蝇

六星灯蛾

蜉蝣

蝗虫

熊蜂

红蛱蝶

沫蝉

蜻蜓

孔雀蛱蝶

金花金龟

萤火虫

瓢虫的幼虫

独角仙

红木蚁

胡蜂

网蛱蝶幼虫

"我是鸭嘴兽，我也会下蛋，但我是哺乳动物！"

会下蛋的哺乳动物，除了鸭嘴兽，还有针鼹。

鸭嘴兽的蛋

鸭嘴兽宝宝

至于其他的哺乳动物，它们虽然并不下蛋，
但是全都会产生卵。

哺乳动物妈妈的卵会一直在肚子里待着，直到卵发育成熟，成为动物宝宝并出生。可以说，大自然中的所有动物，它们的生命都是从蛋或者卵开始的。

词汇表

●**两栖动物**：无论在陆地上还是水中都能生存的动物，比如青蛙。成年两栖动物主要用肺来呼吸空气，幼年两栖动物或幼体，通常有鳃，只能在水中呼吸。

●**胎生**：新生命直接从其母亲的身体里来到世界上；出生意味着幼体作为活体从母体中分娩出来，与从卵（蛋）中孵化、发育而来相对。

●**粪便**：动物排出体外的废物、排泄物。

●**孵化**：从卵（蛋）里出生，来到世界上。鸟类、鱼类和许多昆虫都是从卵中孵化出来的。

●**幼虫或幼体**：一些无脊椎动物在孵化期间蠕虫般的生命形态。毛虫是蝴蝶或蛾的幼虫。蝌蚪是青蛙的幼体。在长成成虫或成体之前，幼虫或幼体通常要经过几次形态变化。

●**哺乳动物**：有脊椎，身体长有毛发的动物。雌性通常分娩生出幼崽，并分泌乳汁来哺育幼崽。

●**霉菌**：一种真菌，呈毛茸茸的一层，经常形成于腐烂的食物或潮湿物体的表面。

●**捕食者**：捕猎并以其他动物为食的肉食动物。如猫头鹰捕猎田鼠，并以田鼠为食。

●**爬行动物**：用肺呼吸的卵生和胎生动物。有脊椎，通常皮肤上长有鳞片或有黏液。爬行动物靠收缩腹部滑行，比如蛇；或用很短的腿爬行，比如蜥蜴。鳄鱼、海龟是爬行动物，甚至大多数恐龙也是爬行动物。

●**甲壳类**：有甲壳，并生活在水中的动物。许多甲壳类非常好吃，龙虾、蟹和蛤蜊是甲壳类。

●**群居动物**：与群体里的其他成员在一起生活或者有合作关系，是物种、群体或聚居地的一员。

图书在版编目（CIP）数据

各种各样的蛋 /（比）蕾妮·哈伊尔绘著；李小彤，陈飞宇译. — 乌鲁木齐：新疆青少年出版社，2018.1（2023.2 重印）
（不可思议的动物生活系列）
ISBN 978-7-5590-2743-6

Ⅰ.①各⋯ Ⅱ.①蕾⋯ ②李⋯ ③陈⋯ Ⅲ.①动物—青少年读物 Ⅳ.① Q95-49

中国版本图书馆 CIP 数据核字 (2017) 第 263476 号

图字：29-2014-03 号

不可思议的动物生活系列

各种各样的蛋　　[比] 蕾妮·哈伊尔　绘著　李小彤 陈飞宇　译

出 版 人：徐　江	策　　划：许国萍
责任编辑：许国萍 贺艳华	特约审校：朱玉芬
美术编辑：查　璇 邓志平	封面设计：童　磊 查　璇
专业知识审校：王安梦	法律顾问：王冠华 18699089007
出版发行 新疆青少年出版社	地　　址：乌鲁木齐市北京北路29号（邮编：830012）
经　销 全国新华书店	印　　制：雅迪云印（天津）科技有限公司
开　　本：889mm×1194mm　1/16	印　　张：2.75
版　　次：2018年1月第1版	印　　次：2023年2月第3次印刷
字　　数：10千字	印　　数：11 001-14 000册
书　　号：ISBN 978-7-5590-2743-6	定　　价：42.00 元

制售盗版必究 举报查实奖励：0991-6239216　　版权保护办公室举报电话：0991-6239216
销售热线：010-58235012 010-84853493　　如有印刷装订质量问题 印刷厂负责调换